Claudia Gunkel

Google Earth: Möglichkeiten und Grenzen der Nutzung für geographische Anwendungen

GRIN Verlag

Bibliografische Information der Deutschen Nationalbibliothek:

Die Deutsche Bibliothek verzeichnet diese Publikation in der Deutschen National-
bibliografie; detaillierte bibliografische Daten sind im Internet über http://dnb.d-
nb.de/ abrufbar.

Dieses Werk sowie alle darin enthaltenen einzelnen Beiträge und Abbildungen
sind urheberrechtlich geschützt. Jede Verwertung, die nicht ausdrücklich vom
Urheberrechtsschutz zugelassen ist, bedarf der vorherigen Zustimmung des Verla-
ges. Das gilt insbesondere für Vervielfältigungen, Bearbeitungen, Übersetzungen,
Mikroverfilmungen, Auswertungen durch Datenbanken und für die Einspeicherung
und Verarbeitung in elektronische Systeme. Alle Rechte, auch die des auszugsweisen
Nachdrucks, der fotomechanischen Wiedergabe (einschließlich Mikrokopie) sowie
der Auswertung durch Datenbanken oder ähnliche Einrichtungen, vorbehalten.

Impressum:

Copyright © 2010 GRIN Verlag, Open Publishing GmbH
Druck und Bindung: Books on Demand GmbH, Norderstedt Germany
ISBN: 978-3-640-71964-8

Dieses Buch bei GRIN:

http://www.grin.com/de/e-book/158043/google-earth-moeglichkeiten-und-grenzen-
der-nutzung-fuer-geographische

GRIN - Your knowledge has value

Der GRIN Verlag publiziert seit 1998 wissenschaftliche Arbeiten von Studenten, Hochschullehrern und anderen Akademikern als eBook und gedrucktes Buch. Die Verlagswebsite www.grin.com ist die ideale Plattform zur Veröffentlichung von Hausarbeiten, Abschlussarbeiten, wissenschaftlichen Aufsätzen, Dissertationen und Fachbüchern.

Besuchen Sie uns im Internet:

http://www.grin.com/

http://www.facebook.com/grincom

http://www.twitter.com/grin_com

Google Earth

Möglichkeiten und Grenzen der Nutzung für geographische Anwendungen

von

Claudia Gunkel

Lehrstuhl Physische Geographie

Mathematisch-Geographische Fakultät

der Katholischen Universität Eichstätt-Ingolstadt

Inhaltsverzeichnis

Abbildungsverzeichnis

1. Übersicht – Geschichte der Google Inc., Google Maps und Google Earth

Vom Weltall aus bis zur Heimatstadt – vom Mars aus bis in die Tiefe der Weltmeere – von hundert Jahren entfernt bis heute: Google Earth stellt in Form eines virtuellen Globus (3D) eine Vielzahl an Funktionen und Tools mit raumübergreifenden Möglichkeiten und Grenzen dar. Als eine in der Basisform unentgeltliche Software der Google Inc. bietet es sich heute als einfache und in vielen Bereichen geeignete Lösung auch für die Visualisierung von thematischen raumbezogenen Informationen an. Satelliten- und Luftbilder unterschiedlicher Auflösung werden mit Geodaten überlagert und auf einem digitalen Höhenmodell der Erde gezeigt. Diese Satellitenbilder sind dabei längst nicht mehr der einzige Geodatenservice von Google (vgl. Löhr et al. 2006: 375).

Google Inc.

Die Anfänge von Google Inc. gehen auf ein Forschungsprojekt an der Stanford University zurück. Gegründet wurde das Unternehmen am 7. September 1998 von Larry Page und Sergey Brin. Das Wort Google ist dem in der Disziplin der Mathematik geprägten Begriff „googol" entnommen wurden. Dieser bezeichnet eine Zahl mit einer eins und hundert Nullen, was den Anspruch, sämtliche im Internet vorhandene Daten zu organisieren, demonstriert. Während Google weltweit gesehen rund 2/3 der Suchabfragen beantwortet, sind es in Deutschland ca. 93 %. Google hat im deutschsprachigen Raum fast ein Monopol. Die Geschäftsgrundlage von Google sind Werbeeinnahmen v.a. in personalisierter Form (vgl. Stolze 2009).   Prinzipiell müssen, wenn es um Online-Kartendienste, Bild- und Satellitendaten von Google geht, zwei Modelle unterschieden werden: Google Maps und Google Earth.

Google Maps

Google Maps war der erste Kartendienst, der Satellitenbilder für alle Regionen der Erde zur Verfügung stellte und als reine Internetanwendung ohne eine spezielle Software verwendbar war. Die Jahre 2005 und 2006 sind als jene Jahre in der Internetgeschichte eingegangen, „in denen die Online-Erstellung von Karten schließlich erwachsen wurde." (Purvis 2007: 11). Das Abrufen von Wegbeschreibungen sowie die Suche nach Orten und Unternehmen waren möglich, jedoch sehr begrenzt. Mit einer einführenden Beta-Version stellt Google am 8. Februar 2005 Google Maps zunächst über eine Labor-Adresse der Öffentlichkeit zur Verfügung und vertraute darauf, dass Mundpropaganda den neuen Dienst bekannt machen würde. Die wichtigste Änderung fand im Juni 2005 statt, als Google offiziell das Google-Maps-API vorstellte.

Es erlaubte Programmierern die Erstellung einer unendlichen Vielzahl von auf Google Maps basierenden Anwendungen. Mit durchschlagendem Erfolg nahmen die Anwendungen wie Wegbeschreibungen, Satellitenbilder des eigenen Hauses, Stadtpläne und Suchmöglichkeiten rasch ein exponentielles Wachstum an. Im April 2006 wurden ebenfalls für den größten Teil von Deutschland hochauflösende Satellitenbilder bereitgestellt, die sich bis September 2007 noch in der Betaphase befanden. Der Bildbestand wird seit Dezember 2007 kontinuierlich im Viermonats-Rhythmus ergänzt. Überdies hinaus werden seit Juni 2006 *KML*-Dateien (*Keyhole Markup Language*) unterstützt, die es ermöglichen, sich mittels einer *URL* (Uniform *Ressource Locator* – Universelle Quellenidentifikation) Orte in Google Maps anzeigen zu lassen (vgl. Purvis 2007: 17). Über die Linkverfolgung von bereits bekannten URLs finden Suchmaschinen neue Ressourcen. Die eigene Erstellung von Karten in Form von Abspeicherungen und dem Erstellen selbst angefertigter *Overlays* (Schichten) wurde bereits vor zwei Jahren durch die Personalisierung des Maps-Service eingeführt. Google als „Erfinder" bietet heute somit eines der umfangreichsten Informationsbündel (vgl. Erlhofer 2007: 387).

Google Earth

Neben Google Maps entstand mit Google Earth eine Software, die nicht nur die ganze Welt als „Landkarte", sondern in Form eines virtuellen Globusses darstellt. Da es eine Weiterentwicklung von Google Maps ist, wird vor allem auf die dreidimensionale Ansicht der Erde Wert gelegt. Durch die Möglichkeit des Übereinanderlegens mehrerer Bild-, Vektor- und Rasterdaten bietet Google Earth ein breites Portfolio mit zahlreichen erweiterten Funktionalitäten an. Die Anfänge gehen auf den Kauf der *Keyhole Corp.* durch Google am 27. Oktober 2004 zurück. *Keyhole* als präziser Vorreiter legte den Grundstein für Google Earth. Mit der gleichnamigen Software und der späteren Umbenennung in Google Earth gelang wiederrum die prägende Etablierung am Markt (vgl. o. A. 2009a). Heutzutage gibt es drei verschiedene Ver-

sionen: Google Earth (Basic), Google Earth Pro und Google Earth Plus (vgl. Abb. 1). Die kostenlose Google-Basisversion ist mit Navigation, Suchfunktion, Messwerkzeugen, Tools zur Ein- und Ausblendung unterschiedlicher Kartenschichten und der Möglichkeit zur Speicherung eigener Punktkoordinaten ausge-stbb. 1: Mit dem jährlichen Unkostenbeitrag von $20 können AnwendunVersionen Google Earth. gen bei Google Earth Plus wie GPS-Funktion und möglichkeiten von 3D-Gebäuden zusätzlich genutzt werden. Für professionelle Zwecke wie beispielsweise die Benutzung des Movie Maker oder das Importen weiterer Formate steht Google Earth Pro mit jährlichen Kosten in Höhe von $400 zur Verfügung.

Street View

Zu einem der kritischen und dennoch marktprägenden Anwendungsbereiche, der v.a. in den Entwicklungsländern noch „datenlos" ist, zählt Google Street View, das sowohl in Google Maps als auch in Google Earth angezeigt werden kann. Der Betrachter blickt nicht mehr aus der Vogelperspektive, sondern hat die Möglichkeit, aus der Sichtweise eines Passanten die Straßen zu „durchlaufen". Mit Hilfe spezieller Aufnahmen (mehrere Kameras auf dem Dach eines Autos oder Fahrrades) wurden 360°-Panoramabilder entwickelt. Diese werden wiederrum für die Erstellung weiterer Karten und Modelle verwendet (vgl. Pomaska 2007: 52).

2. Funktionen und Tools

Google Earth bietet eine Vielzahl von Funktionalitäten und erheblich mehr Einsatzmöglichkeiten. Daher wird in dieser Arbeit nur eine kleine Auswahl von Google Earth dargestellt.

Grundlegend besteht die Wahl der Darstellungsform (bei Google Maps) zwischen Karte-, Luftbild- (Satellit) oder Geländeansicht. Beide Modelle können durch verschiedene Navi-

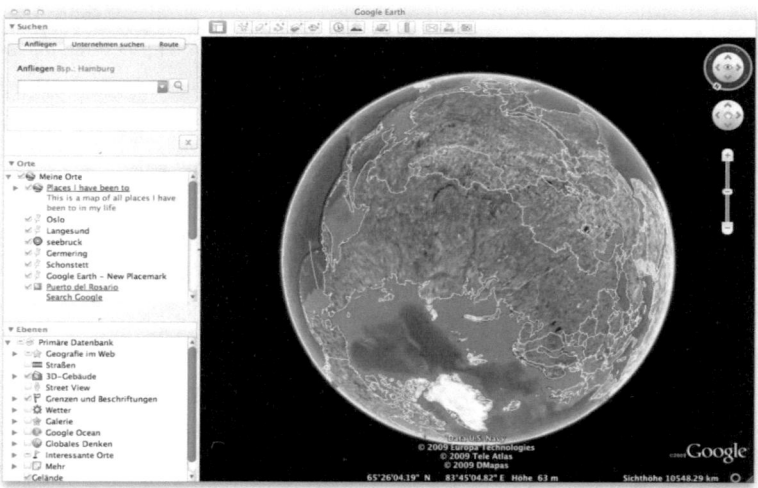

Abb. 2: Google Earth.

gationsgeräte bewegt und auf eine bestimmt Region zentriert werden. Mittels Zoom kann der Maßstab des Kartenfensters problemlos verändert werden. Auf der linken Seite des geöffneten Google Earth-Fensters befinden sich verschiedene Tools (vgl. Abb. 2). Zum einen können Orte im Suchfester eingegeben werden, die dann „angeflogen" werden. Gleichzeitig bleiben bereits gesuchte Orte gespeichert, sodass immer die Möglichkeit besteht, zu diesen zurückzukehren. Durch das Setzen eines Häkchens bei verschiedenen Layern bzw. Ebenen können Karten übereinander gelegt werden. Es entsteht eine enormer Informationsfluss.

Seit der neusten Version 5.1 sind darüber hinaus durch die Möglichkeit der „Verschmelzung verschiedener Karten" neue Tools hinzugekommen. Die Wichtigsten, die sich u.a. unterhalb der Startleiste befinden, sind im Folgenden aufgezählt:

Street View	Google Sky	Flugsimulator	Gigapixel Bilder
Google Ocean	Zeitreise	Google Mars	Google Moon
Globales Denken	Wetter	Sonnenstand	3D-Gebäude

Abb. 3: Neue Tools von Google Earth 5.1.

Ebenfalls vorhanden sind ein Routenplaner und ein Branchenverzeichnis. Der Vorteil, dass Suchanfragen mit der Google Suchmaschine verarbeitet werden und über zahlreiche Verlinkungen miteinander verbunden sind, wird besonders in diesem Bereich deutlich. Karten, die Google als Kartengrundlagen haben, jedoch von Dritten erstellt wurden, so genannte *Mashups*, spielen hier eine entscheidende Rolle. So entsteht eine unendliche Bandbreite an Kartenmaterial. „Beispielsweise lassen sich auf einer Landkarte oder Satelliten-Aufnahmen, die man von Google erhält, zum jeweiligen Ort passende Videos aus Youtube, Fotos aus Flickr, Wetterdaten oder Facebook-Nutzer zeigen." (Lennartz 2009). Die entscheidenden Vorteile gehen damit einher: kostenlose Anwendung (im privaten Bereich für Windows, Mac OS X und Linus), keine kostenintensive Entwicklung, keine Anmeldung bzw. Nutzung ohne Angabe von persönlichen Daten sowie einfach Bedienung.

3. Daten – Bild-, Raster-, Vektor- und Selbsterstellte Daten

Aufgrund der rasanten innovativen Entwicklungen der IT-Branche zählen nicht nur Satellitendaten zu den Hauptdatenquellen. Die Software Google Earth und der Web-Dienst Google Maps basieren auf nahezu identischen Datensätzen – grundlegend Raster- und Vektordaten –, wobei die Software heutzutage in einigen Bereichen eine höhere Auflösung bietet und gleichermaßen das Verkehrsnetz in Europa (Vektordaten) mit angezeigt wird. Rasterdaten hingegen fußen auf Satellitenaufnahmen verschiedener „Generationen", die in der höchsten Zoomstufe sehr unterschiedliche Qualitäten erkennen lassen. Der detaillierte Unterschied zwischen beiden Datenformen wird im folgenden Teil genauer erläutert.

Vektordaten sind Informationen, die in die Elemente Punkt, Linie, Fläche, Text zergliedert werden können. Vektordaten beinhalten Informationen über Koordinaten (Lage/Höhe, 2D/3D), Verbindungen (Topologie), räumliche Eigenschaften (Attribute) und Darstellungsregeln (Farbe, Strichstärke, Linienart, Symbole, Flächenfüllmuster, Texthöhen usw.) Als Vektordaten gelten Darstellungen von Ländergrenzen, Ortschaften und Verkehrsnetzen.

Im Gegensatz zu Vektordaten bestehen Rasterdaten (Bilddaten, digitale Bilder) aus Rasterpunkten (Bildelemente, Pixel). Die Rasterelemente sind in der Regel quadratisch geformt und von identischer Größe. Jedem Rasterelement sind ein oder mehrere Zahlenwerte zugeordnet, wie z.B. Farbinformationen, Höhenwerte, diverse Eigenschaften der Erdoberfläche usw. Unterschiede in der Auflösung sind besonders in Europa und den USA sichtbar. Die durchschnittliche Auflösung von 15x15cm pro Pixel wird in den erwähnten Ländern auf teilweise 10x10 cm erhöht. Dabei entstehen die Bilder nicht nur im Satelliten selber, sondern ebenfalls durch Flugzeugaufnahmen. Beispiele für Rasterdaten sind Satellitenbilder, digitale Luftbilder oder digitale Geländehöhenmodelle.

Sowohl die Verwendung von Vektor- als auch von Rasterdaten hat Vor- und Nachteile. Rasterdaten benötigen zumeist mehr Speicherplatz als Vektordaten, dafür sind z.B. Overlay-Operationen mit Rasterdaten leichter durchzuführen. Vektordaten wiederum können einfach als Vektorgrafik, wie sie in traditionellen Karten verwendet wird, dargestellt werden, während Rasterdaten immer wie ein Bild mit sehr blockhaftem Aussehen erscheinen werden.

Digital Globe, als Betreiber von zwei Satelliten, stellt die Hauptdatenquelle dar. Das Durchschnittsalter der Daten liegt zwischen einem bis drei Jahren. Die Bildinformationen werden über einen gewissen Zeitraum zusammengetragen und sind naturgemäß nicht in "Echtzeit" verfügbar. (vgl. o. A. 2009b).

4. Möglichkeiten und Grenzen – Rechtliche Situation und Datenschutz

Allgemein muss festgestellt werde, dass sich Daten aller Art bei Google konzentrieren. Diese Ansammlung an Informationen birgt Datenschützer auf den Plan. Im Kontext der Möglichkeiten und Grenzen gibt es zahlreiche Entwicklungen, wobei aufgrund der Kürze der Arbeit nur Einige erwähnt werden können.

Verringerte Komplexität und kostenloser Zugang stellen bis heute die bedeutendsten Vorteile dar. Ein schneller Client, der ohne weiteres Zutun eine Grundversorgung mit Luftbildern und Geländemodellen bietet, eine einfache zu nutzende Modellierungssprache, die einfache Gebäudemodelle ermöglicht, eine schnelle und intuitive Navigation sowie eine „weltweite", stufenlos zoombare 3D-Szene hat starke Argumente für eine Nutzung dieses visuellen Systems. Geht es um 3D-Visualisierungen, war die schnell wachsende Popularität von KML ein wichtiger Faktor gezeigt (vgl. Löhr et al. 2006: 375).

Mit zahlreichen parallel zum Google-Maps-API entstandenen Web-Technologien geht die Bedeutung neuer Möglichkeiten einher: keine Notwendigkeit von kostspieligen Entwicklungswerkzeugen, eines akademischem Abschlusses in den IT-Wissenschaften oder viel Erfahrung (vgl. Purvis 2007: 17).

Kommt es auf den Datenschutz zu sprechen, ist allseits bekannt, dass es sich hierbei um ein hohes Konfliktpotenzial handelt. „Erlaubt" ist der Gebrauch von Karten in Form von Screenshots im persönlichen Bereich beispielsweise auf der eigenen Homepage oder einem Blog. Eine Genehmigung ist jedoch bei kommerzieller Nutzung einzuholen. Die Argumentation, dass über Satellitenfotos Persönlichkeitsrechte verletzt werden, ist ein kaum zu entkräftendes Problem. Besondere Aufmerksamkeit gilt den Bilddaten im Street View. Dieser ermöglicht eine genaue Betrachtung von Straßenzügen. Die daraus entstandenen Bilder können problemlos mit Adressdatenbanken und weiteren personenbezogenen Daten verknüpft werden, dass auch zukünftig zu heftigen Protesten führen wird (vgl. Bonstein et al. 2008: 76ff).

Ferner wird die Gefahr von Terroranschlägen durch die genaue Inspizierung in den bereits gefährdeten Regionen verstärkt werden. Aus Sicherheitsgründen werden besonders gefährdete Orte unkenntlich gemacht in Form von Einschwärzung oder Verschwemmung.

Grenzen in Entwicklungsländern sind häufig administrative, respektive sicherheitsrelevante Restriktionen der jeweiligen Regierungen, die den Zugang zu aktuellen Planungsmaterialien wie z.B. hochauflösenden Satellitenbildern einschränken. Vielen Institutionen der Zivilgesellschaft, sowie Universitäten, wird der Zugang zu aktuellen und detaillierten Erdbeobachtungsdaten verwehrt. Übungsdaten akademischer Ausbildung beschränken sich häufig auf den nordamerikanischen Kulturraum. Diese Fremdartigkeit der Übungsdaten beeinträchtigt den Lerneffekt und stellt eine Behinderung der regionalen Identifikation der Studenten dar. Im Wege stehen ebenfalls die hohen Anschaffungskosten. Seit dem Zugang zu Google Earth und somit dem Zugang zu hochauflösenden Satellitenbildmosaiken entstand die Idee, aus verschiedenen Szenen eine Serie von Screenshots-Kacheln zu speichern. Diese lassen sich durch einen automatisierten Photo-Merge-Prozess mit anschließender Georeferenzierung wieder zu einer großflächigen Satelliten-Szene zusammensetzen. Die Studenten erhalten neben dem kostengünstigen und identifikationsnahen Zugang zu Lehrmaterialien gleichzeitig neues Wissen über technologische Grundlagen der Verarbeitung von Geodaten (vgl. von der Dunk et al. 2007: 838f).

5. Ausblick – Entwicklungen in der Zukunft

Blicke in die Zukunft eröffnen durch Anwendungen aus sowohl bestehenden als auch aus zukünftigen Technologien neue Wege. Entscheidende Vorteile wie das Onlineangebot ohne zusätzliche Software zugänglich zu machen, tragen als Erfolgsfaktor am Gewinn in verschiedenen Branchen bei.

Im Bereich der Luftbildarchäologie ist ein enormer Fortschritt denkbar. Luftbilder lassen neue Funde entdecken, die ohne Satellitenbilder nie auffindbar gewesen wären. Daraus erschließen sich wiederum Zusammenhänge, die geschichtliche Hintergründe aufklären und erdgeschichtliche Erkenntnisse liefern könnten.

Durch die kostenlose Benutzung im privaten Bereich wird die Routenplanung vermehrt genutzt. Die reduzierten „Hürden" wie z.B. keine Notwendigkeit zur Anmeldung und dem gleichzeitigen Preisgeben personenbezogener Daten, erleichtern den Zugang erheblich. Durch den Einsatz von Zusatzfeatures stellen die Funktionalitäten den entscheidenden Erfolgsfaktor dar. Dies zeigt auch die zukünftige Weiterentwicklung des StreetView-Angebotes.

Ein weiterer Vorteil entsteht aus der Möglichkeit der durch Überlagerung mehrerer 2D-Karten entstehenden Gebäude im 3D-Format. Es erscheint ein virtueller Rundgang durch beispielsweise eine Stadt, der zunehmend in der Medien- und Werbebranche als auch im Bereich des Stadtmarketing eingesetzt werden kann. Im Tourismus unterstützt dieses Konzept ebenfalls die Vor- und Nachbereitung der Reise. Dieser Gebäudeerstellungspool kann durch Fotos, Wikis oder Bewertungen beispielsweise bei Hotels ergänzt werden. Google Earth und Maps bietet infolgedessen in geschickter Form mit Fremdprogrammen die Möglichkeit, auch thematische Karten in 2D sowie 3D darzustellen und eignet sich damit für den Einsatz in der geographischen Forschung und Lehre (vgl. Löhr et al. 2006: 379).

Literaturverzeichnis

Bonstein, J./ Rosenbach, M./Schmundt, H. (2008): Operation Datenschutz. – In: Spiegel, Ausgabe 44, 2008, S. 76-78.

Erlhofer, S. (2007): Suchmaschinen-Optimierung : Grundlagen, Funktionsweisen und Ranking-Optimierung. für Webentwickler Funktionsweisen von Google & Co., Ranking-Optimierung und Usability, inkl. TYPO3, WordPress und Web 2.0. Bonn.

Löhr, S./Ocakli, A./Voss, A./Zipf, A. (2006): Thematische Kartographie in 3D mit Google Earth. – In: Strobl/Blaschke/Griesebner (Hrsg.): Angewandte Geoinformatik 2006. Beiträge zum 18. AGIT-Symposium Salzburg. S. 375-380. Heidelberg.

Pomaska, G. (2007): Web-Visualisierung mit Open Source: vom CAD-Modell zur Real-Time-Animation. Heidelberg.

Purvis, M./Sambells, J./Turner, C. (2007): Google Maps Anwendungen mit PHP und Ajax. Heidelberg.

Von der Dunk, A./Meis, P./Phiem, S./Mund, J.-P. (2007): Google Earth. Autostitch und Georeferenzierung. Freie Fernerkundungsdaten in Entwicklungsländern. – In: Strobl/Blaschke/Griesebner (Hrsg.): Angewandte Geoinformatik 2007. Beiträge zum 19. AGIT-Symposium Salzburg. S. 838-866. Heidelberg.

Internet

Lennartz, S. (2009): Was ist...Lexikon: Mashup. [Online]. Available: http://www.drweb.de /magazin/was-ist-lexikon-mashup/, Abfragedatum: 1.12.09.

o. A. (2009a): Daten und Bildmaterial. [Online]. Available: http://earth.google.de/support/bin/ answer.py?answer=21414, Abfragedatum: 1.11.09.

o. A. (2009b): Google Dienstleistungen. [Online]. Available: http://www.manjie.net/wikinow/ Google-Dienstleistungen.php, Abfragedatum: 3.12.09.

Stolze, J. (2009): 93 Prozent Marktanteil für Google in Deutschland. [Online]. Available: http://www.onlinemarketing-blog.de/2009/01/26/93-prozent-marktanteil-google-in-deutschland, Abfragedatum: 1.12.09.